PETER BERG

KOSMOS AUSSAAT TAGE 2023

DIE KRAFT DES MONDES
FÜR IHREN GARTEN

KOSMOS

Aussaatdaten Monat für Monat sicher anwenden

Der Einfluss von Mond und den Gestirnen hat eine entscheidende Bedeutung auf unsere Gartenarbeit. Um erfolgreich aussäen, pflanzen, pflegen, ernten und das Erntegut verarbeiten zu können, finden Sie in diesem Kalender für das Jahr 2023 die entsprechenden Aussaatdaten für günstige und ungünstige Tage.

Kalender

Jeder Monat besteht u. a. aus zwei Seiten Kalendarium. Diese können Sie täglich für persönliche Eintragungen verwenden. Es gibt ein Feld zum Eintragen der niedrigsten und höchsten Temperatur. Zudem können Sie Ihre Beobachtungen zum Wetter festhalten. So ist es möglich, die Ergebnisse in den folgenden Jahren miteinander zu vergleichen und Rückschlüsse zu ziehen.
Am Wochenanfang finden Sie außerdem jeweils die Zeit für den Sonnenauf- und Sonnenuntergang.

Nützliche Hinweise zur Pflanzenpflege helfen Ihnen und unterstützen Sie bei Ihrer Gartenarbeit.

Aussaatdaten

Die beiden anderen Seiten eines jeden Monats beinhalten die Aussaatdaten (die mitteleuropäische Sommerzeit ist berücksichtigt).

1. Die Symbole kennzeichnen die Pflanzengruppe, die positiv kosmisch beeinflusst wird. Die Zeiten geben den richtigen Zeitpunkt für Gartenarbeiten an. Wenn keine Zeit genannt wird, steht der gesamte Tag zur Verfügung.
2. Wenn sich die Symbole im grünen Teil der Seite befinden, ist Pflanzzeit. Der helle Teil bedeutet „keine Pflanzzeit".
3. Der Mond steht vor dem abgebildeten Sternzeichen. Die Zeit gibt an, wann der Mond vor das Sternzeichen tritt.
4. Mit diesem Symbol werden Voll-, Halb- und Neumond gekennzeichnet.
5. Hier ruhen alle Gartenarbeiten.
6. Perigäum (Erdnähe) = ungünstige Mondkonstellation
   ▶ 12 Stunden vorher und nachher sollten keine Gartenarbeiten durchgeführt werden. Im Kalender finden Sie das entsprechend berücksichtigt.
7. Absteigender Mondknoten = ungünstige Mondkonstellation
   ▶ Einige Stunden vorher und nachher sollten keine Gartenarbeiten durchgeführt werden. Dies gilt auch für den aufsteigenden Mondknoten und das Apogäum (Erdferne).

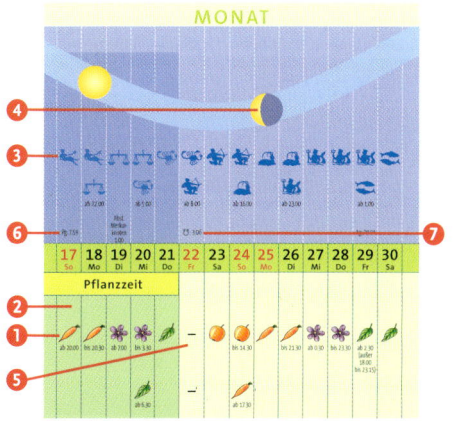

Biologisch gärtnern von Anfang an

Wenn Sie Ihren Garten in einen Biogarten oder in einen biodynamischen Garten verwandeln möchten, können Sie in einem ersten Schritt mit der niedrigsten Hürde beginnen und auf jeglichen synthetischen und chemischen Pflanzenschutz sowie auf eine derartige Düngung verzichten. Wenn Sie zudem biologische bzw. biodynamische Pflanzen und Samen verwenden, haben Sie ein hervorragendes Fundament für das biologische Gärtnern.

Sie können synthetische und chemische Düngemittel sowie Pflanzenschutzmittel durch biologische Produkte ersetzen. Beachten Sie jedoch, dass die meisten biologischen Düngemittel keine schnelle Wirkungsweise haben, sondern eine langsam fließende und langanhaltende Nährstoffquelle für die Pflanzen darstellen.

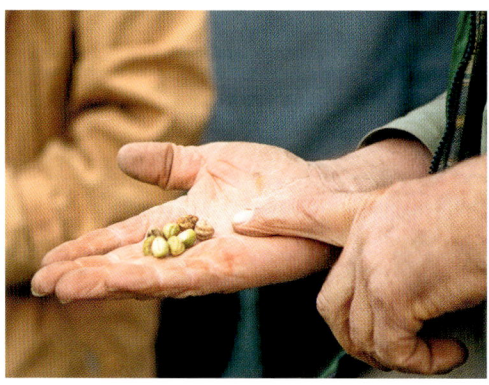

Biosaatgut ist die Grundlage für ökologisches Gärtnern.

Auf einer weiteren Stufe des biologischen Gärtnerns können Sie Kompost bereiten. Achten Sie darauf, dass Sie hochwertigen Kompost zubereiten, indem Sie die goldene Regel „zerkleinern, mischen, feucht- und bedeckt halten" konsequent anwenden. Mit hochwertigem Kompost stärken Sie grundlegend das Bodenleben, Ihre Pflanzen werden widerstandsfähig und vital und ein solcher ersetzt Ihnen die biologische Düngung. Wenn Sie Ihrem Kompost zusätzlich die sechs biodynamischen Heilpflanzenpräparate beigeben, die wie feinstoffliche, homöopathische Anwendungen wirken, fördern Sie damit einen guten Rotteverlauf Ihres Komposts.

Ein weiterer Schritt auf Ihrem Weg zum Biogarten könnte sein, dass Sie die biologisch-dynamische Methode beim Anbau Ihrer Kulturen in Ihrem Hausgarten anwenden. Das bedeutet, dass Sie bei der Gartenarbeit die Konstellationen der Gestirne berücksichtigen. Es ist bekannt, dass geeignete Konstellationen bei Aussaat, Pflege und Lagerung der Pflanzen deren Gesundheit und Vitalität nachhaltig unterstützen. Des Weiteren bedeutet biologisch-dynamisches Hausgärtnern, bei den entsprechenden Gartenarbeiten die beiden biodynamischen Präparate, das Hornmist-Präparat und das Hornkiesel-Präparat, anzuwenden, um das gesunde Pflanzenwachstum zu fördern.

Biosaatgut – die Qualität steckt im Samen

Achten Sie beim Kauf auf gutes Saatgut.

Verwenden Sie möglichst biologisch-dynamisches oder biologisches Saatgut. Die sich aus diesen Samen entwickelnden Pflanzen haben bereits durch ihre Vorfahren eine höhere Kommunikationsfähigkeit mit ihren Wurzeln im Boden.

Samenfeste Sorten statt Hybrid-Saatgut

Achten Sie beim Kauf auf samenfeste Sorten. Pflanzen aus samenfesten Sorten besitzen dieselben positiven Eigenschaften wie die Mutterpflanze, und das eigene daraus gewonnene Saatgut kann im Gegensatz zu Hybriden für die nächste Aussaat verwendet werden. Hybridpflanzen sind in der Regel nicht vermehrungsfähig bzw. nicht in der Lage, die gewünschten Eigenschaften an die nächste Pflanzengeneration weiterzugeben.

Kaufen Sie daher am besten kein Hybrid-Saatgut. Es ist leicht auf dem Etikett zu erkennen: Neben dem Sortennamen steht die Ergänzung „F1" (botanisch bedeutet F „filia" – lateinisch „die Tochter").

Samenfestes Saatgut ernten

Die Samengärtnerei ist eine besonders schöne Seite des Gärtnerns. Für unsere Vorfahren war eigenes Saatgut jahrtausendelang selbstverständliche Praxis. Heute, in Zeiten professionellen Saatgutangebots aus Gartencentern und Co., ist das Wissen fast in Vergessenheit geraten. Das scheinbar vielfältige Angebot im Saatgutständer ist jedoch meist nur eine äußerst begrenzte Auswahl im Vergleich zur regionalen Vielfalt, die noch vor wenigen Jahrzehnten in heimischen Gärten zu finden war. Vielleicht entdecken Sie bei Gartennachbarn, Freunden und Verwandten alte, lokale, wohl-

Pflanzenhybride

Sie wurden zur weltweit einheitlichen Vermarktung durch besondere Verfahren auf Uniformität gezüchtet. Diese künstlichen Hybriden sind anfälliger für Krankheiten, da ihnen die wichtige Anpassungsfähigkeit an den regionalen Standort fehlt. Mehr als 70 % der weltweit verfügbaren Gemüsepflanzensorten stammen bereits aus Hybrid-Saatgut, das auf nur wenige Produktionssorten reduziert wurde. Die ehemals weltweite Kulturpflanzenvielfalt schwindet so immer mehr.

schmeckende Sorten wie rosa Tomaten, gelbe Rettiche, roten Grünkohl oder violette Karotten.

Ein leidenschaftliches „Sammeln und Jagen" auf diesem Gebiet bereichert nicht nur den eigenen Garten, sondern hilft, unsere bedrohte Sortenvielfalt zu bewahren und alte, lokale Sorten zu fördern.

Um eigenes, vermehrungsfähiges Saatgut zu gewinnen, brauchen Sie samenfeste Mutterpflanzen. Bei alten Sorten und Biosorten ist dies grundsätzlich der Fall, die Nachzüchtung also kein Problem. Die ausgesuchte (samenfeste!) Pflanze sollte möglichst schon unter biologischen Bedingungen gewachsen sein.

So funktioniert die Samenernte

Lassen Sie die gewünschte Pflanze zur Blüte und zur Samenreife kommen, bis die Samen fast ganz ausgetrocknet sind und sie fast von selbst abfallen. Schneiden Sie die reifen Samenstände vorsichtig ab und lassen Sie diese einige Zeit nachtrocknen. Reiben Sie die Samen aus und geben Sie sie in Tütchen oder Briefumschläge, die Sie zuvor mit dem Erntejahr und dem Sortennamen beschriftet haben.

Samendolden werden abgeerntet, wenn die Samen eine braune Farbe angenommen haben.

Bei Blumen wie Mohn, Stockrosen, Astern, Margeriten etc., können Sie sich das Samenausreiben sparen, denn die geernteten, reifen und nachgetrockneten Kapseln sowie Samenstände dürfen im Herbst des Erntejahres komplett in den Boden gesteckt werden.

Wenn Sie sich im nächsten Jahr über längere Zeit an einer oder mehreren Blumenarten erfreuen wollen, geben Sie im Herbst die Samen mehrmals, jeweils zeitversetzt nach etwa einer Woche, in den Boden. So blühen Ihre Lieblingsblumen im nächsten Sommer besonders lange.

Langlebiges Saatgut

Wichtig für die Qualität des Saatguts ist auch seine Keimfähigkeit. Die Dauer der Keimfähigkeit variiert je nach Pflanzenart. Unter den Gemüsearten gelten die

Samenernte – der Kreislauf schließt sich

Die Möhrensamen müssen für die Aussaat von Krallhärchen befreit werden. Dies geht durch Reiben der trockenen Samen in den Handflächen.

Nachtschattengewächse wie Tomaten, Auberginen und Paprika mit einer Keimfähigkeit von über fünf Jahren als sehr langlebig.

Auch Kohl- und Kürbisgewächse wie Gurke, Kürbis und Zucchini keimen noch nach vier bis fünf Jahren. Ohne Probleme lassen sich auch Feldsalat, Rote Bete und Mangold noch nach Jahren aussäen. Schnittlauch-, Pastinaken- und Schwarzwurzelsamen allerdings verlieren sehr schnell ihre Keimfähigkeit, in der Regel nach einem Jahr.

Saatgut testen

Mit einer einfachen Keimprobe können Sie die Keimfähigkeit Ihres Saatguts testen: Zählen Sie bei großen Samen wie Bohnen oder Erbsen zehn Samen ab, bei kleineren Samen 20 oder mehr (Sie können auch 100 Samen nehmen, wenn Sie nicht so viel rechnen möchten), und legen Sie diese auf ein feuchtes Küchenpapier. Rollen Sie das Küchenpapier mit den Samen anschließend ein, und legen Sie es in einen Plastikbeutel, in den Sie zuvor einige kleine Löcher geschnitten haben. Halten Sie dann den Beutel warm (ca. 20 bis 25 °C). Innerhalb weniger Tage bilden sich nun Keimlinge.

Eine hohe Keimfähigkeit von über 80 % ist ideal. Liegt die Keimfähigkeit zwischen 60 und 80 %, müssen die Samen dichter ausgesät werden. Liegt die Keimfähigkeit unter 60 %, sollten Sie die Samen nicht mehr für den Gemüseanbau verwenden. Diese Samen haben erfahrungsgemäß nur noch wenig Triebkraft, sie wachsen zögerlich und liefern keine guten Erträge mehr.

Saatgut richtig lagern

Qualitativ hochwertiges Saatgut kann, wenn es sachgerecht gelagert wird, jahrelang verwendet werden, auch über das Haltbarkeitsdatum hinaus. Die Samen sollten an einem dunklen, trockenen und kühlen Ort mit möglichst konstanten Temperaturen lagern (optimale Lagerungstemperatur 4 bis 10 °C). Achten Sie darauf, dass das Saatgut ausreichend trocken ist und schützen Sie es vor Mäuse- und Mottenfraß.

Für die Aufbewahrung bieten sich dunkle Schraubgläser an, die zusätzlich licht- und temperaturgeschützt in einen Karton oder in eine Schachtel mit Deckel gestellt werden können. Versehen Sie abschließend die Behältnisse mit den gärtnerisch relevanten Daten wie Pflanzenart, Sorte, Ernte- und Kaufdatum.

Guter Boden für gutes Saatgut

Kompost, Sand und Gesteinsmehl sind die drei Grundbestandteile für gute Aussaaterde. Beim Herstellen der Mischung werden sie innig miteinander vermengt.

Optimale Erde-Sand-Mischung

Wer seine Pflänzchen selbst heranzieht, kann in wenigen Schritten eigene Aussaaterde herstellen. Sie brauchen dazu nur etwas Kompost, Sand und Gesteinsmehl.

Aus Komposterde kann man eigene Aussaat- und Pikiererde herstellen. Dazu wird etwa 40 bis 50 l reifer, ca. ein Jahr alter Kompost gesiebt. Die Maschenweite des Siebes sollte ca. 15 × 15 mm betragen.

Sie können ein schräg stehendes Sieb oder ein rundes Sandsieb, 5 × 5 mm, verwenden. Wichtig ist, dass die Aussaaterde nach dem Sieben keine groben Teile mehr enthält. Die ausgesiebten, groben Teile werden anschließend wieder in den Kompost gegeben.

Die fein gesiebte Aussaaterde wird nun mit etwa 30 l Maulwurfserde, die den mineralischen Anteil der Erde erhöht, gemischt. Danach werden zusätzlich etwa 10 l Sand (beispielsweise aus dem Baumarkt) hinzugegeben und abschließend etwas Gesteinsmehl darübergestreut. So bekommen die jungen Pflanzen einen entsprechend guten Mineralstoffausgleich.

Fügen Sie dieser Aussaatmischung keinen weiteren Dünger hinzu, denn die Sämlinge brauchen für ein gesundes, kräftiges Heranwachsen nährstoffarme Erde.

Mit der Erde verbinden

Beim Befüllen der Aussaatkiste sollten Sie darauf achten, die Erde besonders in den

In die vorbereitete Saatkiste wird die Aussaaterde gefüllt und eine feine Schicht Jungpflanzenerde darübergesiebt.

Die Erde wird mäßig angedrückt, damit eine ebene Fläche entsteht. So werden beim Angießen die Samen nicht in die Löcher geschwemmt.

Ecken etwas einzudrücken, da die Ecken immer dazu neigen, beim Gießen nachzusacken. Danach wird die Erde am besten mithilfe eines Brettchens geebnet und etwas angedrückt. Anschließend wird noch etwas Aussaaterde über die Kiste gesiebt. Gesiebte Aussaaterde ist besonders für feine Aussaaten wie Basilikum, Salate und Selleriearten wichtig, da die Keimlinge im Boden besser anwachsen.

Die kostbaren Aussaaterdreste, die beim Arbeiten auf den Tisch fallen, können für die nächste Kiste als Bodenmaterial oder Ähnliches verwendet werden.

Gießen mit der Saatbrause

Das anschließende Angießen der Samen sollte immer äußerst sorgsam erfolgen. Wichtig ist, dass man eine geeignete, kleinere Gießkanne mit einem feinen Brauseaufsatz (Saatbrause) verwendet. Damit die Samen nicht ausgeschwemmt werden, sollte man zusätzlich den Brausestrahl so lange außerhalb der Saatkiste halten, bis er einen gleichmäßigen, feinen, „brausigen" Strahl gebildet hat.

Sie können die Saatkiste zusätzlich mit einem Vlies abdecken, um eine wachstumsfördernde, gleichmäßigere Feuchte und ein besseres Kleinklima in der Kiste zu erhalten. Das Vlies muss aber sofort nach erfolgter Keimung wieder abgenommen werden.

Beobachten Sie nun täglich Ihre Saatkiste. Sobald die Keimlinge sichtbar werden, müssen einzelne Bereiche der Erde von ihnen angehoben werden. Denn es ist ein wahrer Kraftakt für die Winzlinge, „mit ihren Schultern" die Erde zu durchstoßen, sich anschließend gleichsam aufzurichten und ihre Keimblätter voll zu entfalten. Das leichte Gießen mit der Saatbrause unterstützt die Keimlinge, da die angehobene Erde dabei von den Keimlingen gespült wird.

Die Saatkiste sollte immer an einem hellen Ort stehen, damit die Jungpflanzen möglichst keinen Geilwuchs entwickeln, um das Sonnenlicht zu suchen. Zudem sollten Sie die Kiste mit einem Etikett versehen, das mit Pflanzensorte und Aussaatdatum beschriftet ist.

Licht- und Dunkelkeimer

Beim Aufkeimen der Samen werden sogenannte Licht- und Dunkelkeimer unterschieden. Beim Aussäen von Dunkelkeimern müssen die Samen mit einer feinen Schicht Erde bedeckt werden. Lichtkeimer werden nicht mit Erde bedeckt. Geben Sie bei den Dunkelkeimern die Erde möglichst fein und gleichmäßig über die Samen, denn die Keimlinge müssen durch diese feine Schicht das „Licht der Welt" erblicken.

Gängige Dunkelkeimer sind Paprika, Tomaten, Kohl, Lauch, Gurke, Kürbis, Tulpen, Lilien.

Gängige Lichtkeimer sind Basilikum, Salate, Möhren, Rasen.

Paprika sind Dunkelkeimer (links), Salate zählen zu den Lichtkeimern (rechts).

Gartenbeete für die Direktsaat vorbereiten

Ein richtig bearbeiteter Boden schafft optimale Voraussetzungen für das Gedeihen unserer Pflanzen, insbesondere unserer Wurzelgemüse. Auf ein vorheriges Umgraben des Bodens sollten wir im Biogarten jedoch verzichten.

Das Feld räumen

Bereiten Sie vor der Aussaat das Beet gründlich vor. Samenbeikräuter wie Vogelmiere, Franzosenkraut oder Kreuzkraut werden dazu mit einer Blatthacke etwa 1 bis 1,5 cm flach abgeräumt. Wurzelbeikräuter wie Löwenzahn müssen tiefer ausgegraben werden, da jedes Wurzelstück dieser Pflanzen weiterwächst und zu erneutem Beikrautbewuchs führen würde.

Bodenlockerung mit der Grabegabel

Für die darauf folgende, nicht wendende Bodenbearbeitung zur Bodenlockerung wird die Grabegabel verwendet. Durch die weit auseinanderstehenden einzelnen Zinken werden nur wenige Regenwürmer beim Lockern geteilt. Zudem ist das Arbeiten mit der Grabegabel viel weniger anstrengend als das Arbeiten mit dem Spaten. Man sticht hierbei die Grabegabel leicht schräg bis zum Anschlag in den Boden, hebt sie etwas nach oben an (1 bis 2 cm) und drückt sie anschließend etwas von sich weg zur anderen Seite hin. Dabei bewegt sich der Oberkörper mit nach vorne. Achten Sie auf eine aufrechte Körperhaltung, das schont Ihren Rücken.

Kompost aufbringen

Auf das bearbeitete Beet wird anschließend, je nach geplanter Pflanzen- oder Gemüseart, Kompost aufgebracht und sofort mit dem Krail oberflächlich in den Boden eingearbeitet. Der beste Zeitraum hierfür ist in der Vegetationsperiode von Mitte März bis Mitte Oktober. Dann hat der Boden in der Regel eine Temperatur von über 8 °C und der Kompost kann seine für das Bodenleben wichtige „Hefewirkung" voll entfalten.

Feine Bodenstruktur

Mit dem Schwanenhals-Vierzahn, auch Krail genannt, werden anschließend die an der Oberfläche liegenden Erdklumpen bis zu einer Tiefe von etwa 8 bis 10 cm zerkleinert. Dazu schieben Sie den Vierzahn diagonal über das Beet.

Mit einem langstieligen Rechen zum aufrechten Arbeiten werden abschließend die oberirdischen restlichen Erdklumpen bis zu einer Tiefe von 4 bis 6 cm ganz flach weggenommen, damit das Saatbeet in den ersten ein bis zwei Zentimetern eine vollständig reine, feine Bodenstruktur hat.

Der Rechen ebnet zum Schluss die Beetfläche.

Aussaattage 2023

1	So	Neujahr			
		SA: 8.24 SU: 16.35		mm	
2	Mo				
		SA: 8.22 SU: 16.44		mm	
3	Di				
				mm	
4	Mi				
				mm	
5	Do				
				mm	
6	Fr	Heilige Drei Könige **Pflanzzeit ab 4.08 Uhr**			
				mm	
7	Sa				
				mm	
8	So				
				mm	
9	Mo				
		SA: 8.17 SU: 16.54		mm	
10	Di				
				mm	
11	Mi				
				mm	
12	Do				
				mm	
13	Fr				
				mm	
14	Sa				
				mm	
15	So				
				mm	
16	Mo				
		SA: 8.10 SU: 17.05		mm	

mm					Di	**17**
mm					Mi	**18**
mm					Do	**19**
mm				Pflanzzeit bis 6.06 Uhr	Fr	**20**
mm					Sa	**21**
mm					So	**22**
mm		SA: 8.01 SU: 17.16			Mo	**23**
mm					Di	**24**
mm					Mi	**25**
mm					Do	**26**
mm					Fr	**27**
mm					Sa	**28**
mm					So	**29**
mm		SA: 7.50 SU: 17.29			Mo	**30**
mm					Di	**31**

JANUAR

	ab 15.00			ab 15.00			ab 23.00		ab 17.00			ab 16.00			ab 7.0

♎ 16.17   Ag 10.19   ♎ 7.2

1	**2**	**3**	**4**	**5**	**6**	**7**	**8**	**9**	**10**	**11**	**12**	**13**	**14**	**15**	**16**
So	Mo	Di	Mi	Do	Fr	Sa	So	Mo	Di	Mi	Do	Fr	Sa	So	Mo

Pflanzzeit

(außer 14.30 bis 18.30)	bis 13.30			bis 13.30			ab 0.30 (außer 8.30 bis 13.30)	bis 15.30			bis 14.30				bis 5.3
	ab 16.30			ab 16.30	bis 21.30		ab 18.30			ab 17.30				ab 9.3

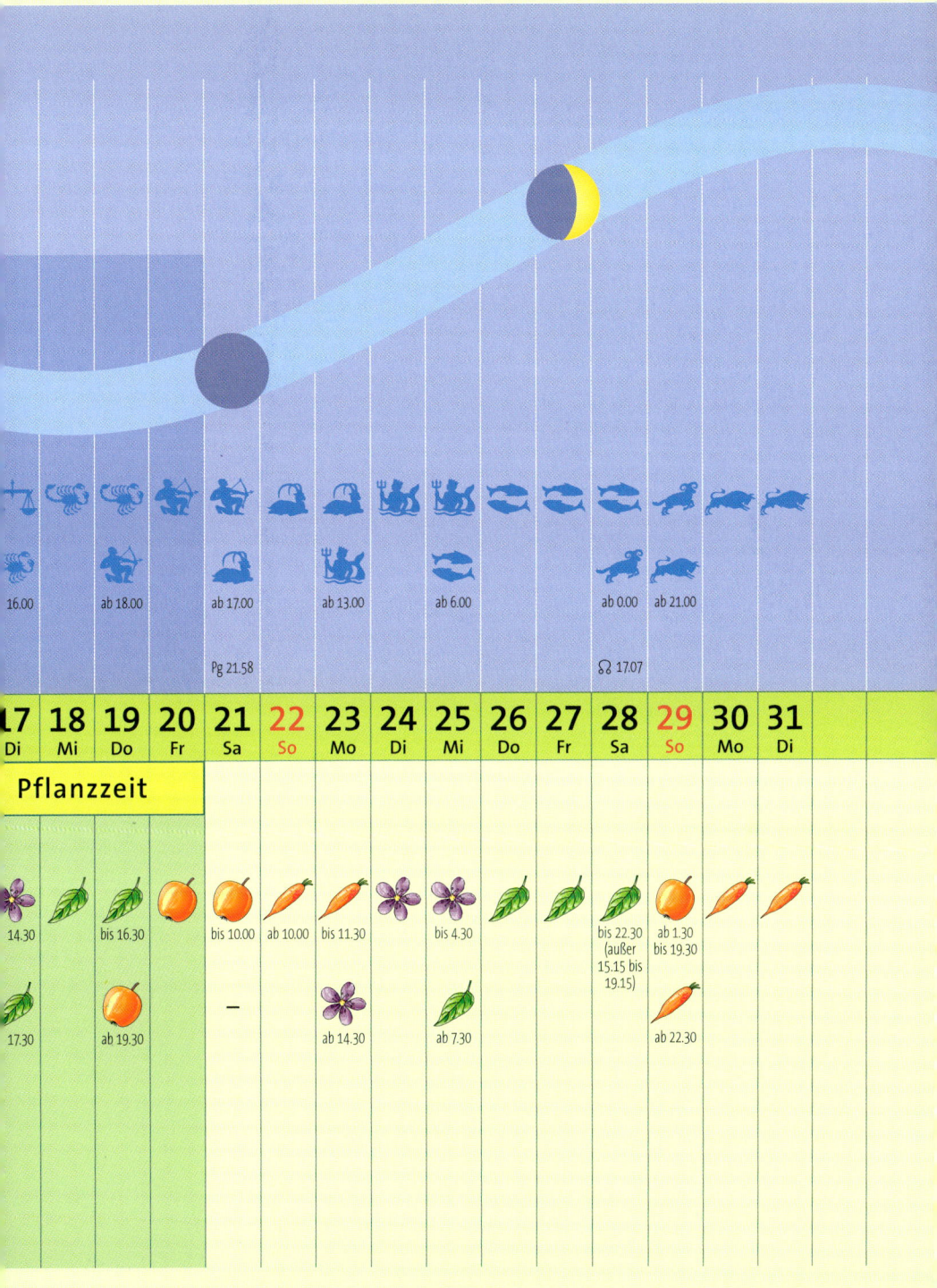

	16.00		ab 18.00			ab 17.00		ab 13.00			ab 6.00					ab 0.00	ab 21.00		
						Pg 21.58									♌ 17.07				

17	18	19	20	21	22	23	24	25	26	27	28	29	30	31
Di	Mi	Do	Fr	Sa	So	Mo	Di	Mi	Do	Fr	Sa	So	Mo	Di

Pflanzzeit

14.30		bis 16.30		bis 10.00	ab 10.00	bis 11.30		bis 4.30			bis 22.30 (außer 15.15 bis 19.15)	ab 1.30 bis 19.30		
17.30		ab 19.30		–		ab 14.30		ab 7.30				ab 22.30		

1	Mi		
		SA: 7.50 SU: 17.29	mm
2	Do	Mariä Lichtmess **Pflanzzeit ab 9.18 Uhr**	mm
3	Fr		mm
4	Sa		mm
5	So		mm
6	Mo		
		SA: 7.38 SU: 17.41	mm
7	Di		mm
8	Mi	Dicke Bohnen im Freiland aussäen.	mm
9	Do		mm
10	Fr		mm
11	Sa	Radieschen im Gewächshaus aussäen.	mm
12	So		mm
13	Mo		
		SA: 7.25 SU: 17.53	mm
14	Di	Valentinstag	mm
15	Mi		mm
16	Do	Weiberfastnacht **Pflanzzeit bis 15.37 Uhr**	mm

			Fr	**17**
			Sa	**18**
			So	**19**
		Rosenmontag	Mo	**20**
		SA: 7.11 SU: 18.05		
		Fastnacht	Di	**21**
		Aschermittwoch	Mi	**22**
			Do	**23**
			Fr	**24**
			Sa	**25**
			So	**26**
			Mo	**27**
		SA: 6.57 SU: 18.16		
			Di	**28**

	1	2	3	4	5	6	7	8	9	10	11	12	13	14	15	16
	Mi	Do	Fr	Sa	So	Mo	Di	Mi	Do	Fr	Sa	So	Mo	Di	Mi	Do
Tierkreis	ab 21.00			ab 5.00		ab 0.00		ab 21.00				ab 14.00		ab 0.00		ab 4.0
				Ag 9.56	Abst. Merkur-knoten 12.00							☊ 8.30				

Pflanzzeit

	1	2	3	4	5	6	7	8	9	10	11	12	13	14	15	16
oben	bis 19.30		bis 3.30	(außer 6.00 bis 18.00)	bis 22.30	ab 1.30	bis 19.30					bis 12.30 (außer 6.30 bis 10.30)		bis 22.30	ab 1.30	bis 2.3
unten	ab 22.30		ab 6.30 (außer 8.00 bis 13.00)				ab 22.30					ab 15.30				ab 5.3

			ab 1.00									
		ab 5.00		ab 17.00			ab 9.00		ab 5.00			
	Pg 10.06				☊ 19.55							

17 Fr	18 Sa	19 So	20 Mo	21 Di	22 Mi	23 Do	24 Fr	25 Sa	26 So	27 Mo	28 Di		
	bis 3.30	ab 22.15 bis 23.30	ab 2.30	bis 15.30			bis 7.30	bis 3.30					
	ab 6.30 bis 22.15			ab 18.30			ab 10.30 (außer 18.00 bis 22.00)	ab 6.30					

MÄRZ

1	Mi	**Pflanzzeit ab 15.09 Uhr**	
		SA: 6.57　SU: 18.16	mm
2	Do		mm
3	Fr		mm
4	Sa		mm
5	So		mm
6	Mo	Erbsen im Freiland aussäen.	
		SA: 6.42　SU: 18.27	mm
7	Di	Tomaten und Paprika im Haus vorziehen.	mm
8	Mi		mm
9	Do		mm
10	Fr		mm
11	Sa		mm
12	So		mm
13	Mo		
		SA: 6.28　SU: 18.39	mm
14	Di		mm
15	Mi	**Pflanzzeit bis 22.43 Uhr**	mm
16	Do		mm

			Fr	**17**
mm			Sa	**18**
mm			So	**19**
mm	SA: 6.16 SU: 18.42	Frühlingsanfang	Mo	**20**
mm			Di	**21**
mm			Mi	**22**
mm			Do	**23**
mm			Fr	**24**
mm			Sa	**25**
mm		**Beginn der Sommerzeit** Uhren um 2.00 Uhr auf 3.00 Uhr vorstellen.	So	**26**
mm	SA: 7.11 SU: 19.50		Mo	**27**
mm		**Pflanzzeit ab 23.29 Uhr**	Di	**28**
mm			Mi	**29**
mm			Do	**30**
mm			Fr	**31**

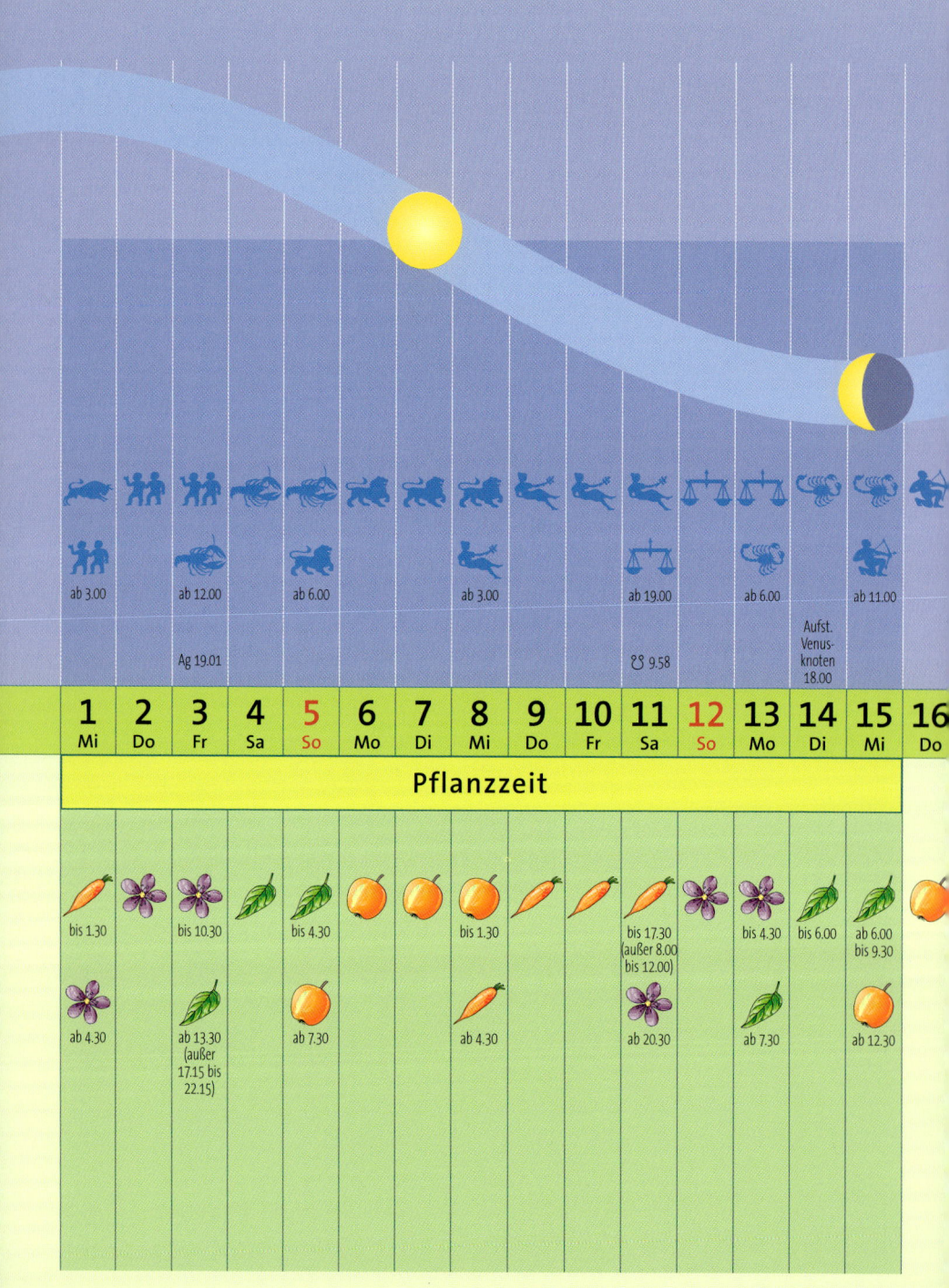

ab 3.00   ab 12.00   ab 6.00   ab 3.00   ab 19.00   ab 6.00   ab 11.00

Ag 19.01   ♋ 9.58   Aufst. Venus-knoten 18.00

1	2	3	4	5	6	7	8	9	10	11	12	13	14	15	16
Mi	Do	Fr	Sa	So	Mo	Di	Mi	Do	Fr	Sa	So	Mo	Di	Mi	Do

Pflanzzeit

bis 1.30   bis 10.30   bis 4.30   bis 1.30   bis 17.30 (außer 8.00 bis 12.00)   bis 4.30   bis 6.00   ab 6.00 bis 9.30

ab 4.30   ab 13.30 (außer 17.15 bis 22.15)   ab 7.30   ab 4.30   ab 20.30   ab 7.30   ab 12.30

b 13.00	ab 11.00	ab 3.00	ab 19.00	ab 14.00			ab 12.00	ab 20.00	
	Pg 16.16			♌ 3.07		Aufst. Merkur- knoten 5.00		Ag 13.18	

17	18	19	20	21	22	23	24	25	26	27	28	29	30	31
Fr	Sa	So	Mo	Di	Mi	Do	Fr	Sa	So	Mo	Di	Mi	Do	Fr

Pflanzzeit

s 11.30	bis 4.30	ab 4.30	bis 1.30		bis 17.30	(außer 1.15 bis 5.15)	bis 12.30	bis 23.00	ab 11.00	bis 10.30		bis 18.30	(außer 11.30 bis 16.30)
b 14.30	–		ab 4.30	ab 20.30		ab 15.30				ab 13.30		ab 21.30	

1	Sa		
		SA: 7.11 SU: 19.50	mm

2	So	Palmsonntag	
			mm

3	Mo	Zuckererbsen im Freiland aussäen.	
		SA: 6.56 SU: 20.01	mm

4	Di		
			mm

5	Mi	Frühlings- und Sommerrettiche sowie Sommermöhren im Freiland aussäen.	
			mm

6	Do	Gründonnerstag	
			mm

7	Fr	Karfreitag	
			mm

8	Sa	Karsamstag	
			mm

9	So	Ostersonntag	
			mm

10	Mo	Ostermontag	
		SA: 6.41 SU: 20.12	mm

11	Di		
			mm

12	Mi	**Pflanzzeit bis 5.16 Uhr**	
			mm

13	Do		
			mm

14	Fr		
			mm

15	Sa		
			mm

16	So	Weißer Sonntag	
			mm

			mm	SA: 6.25 SU: 20.23	Mo **17**
			mm		Di **18**
			mm		Mi **19**
			mm	HYBRIDE SONNENFINSTERNIS in Europa nicht sichtbar. Sichtbarkeitsgebiet: südöstliches Asien, Australien, Phillippinen. Eintritt in Kernschatten 2.34 Uhr, Mitte der Finsternis 5.17 Uhr, Austritt aus Kernschatten 7.59 Uhr (MEZ).	Do **20**
			mm		Fr **21**
			mm		Sa **22**
			mm		So **23**
			mm	SA: 6.13 SU: 20.24	Mo **24**
			mm	**Pflanzzeit ab 7.54 Uhr**	Di **25**
			mm		Mi **26**
			mm	Rosenkohl und Knollenfenchel im Freiland aussäen.	Do **27**
			mm		Fr **28**
			mm		Sa **29**
			mm	Walpurgisnacht	So **30**

ab 14.00		ab 12.00					ab 2.00	ab 13.00		ab 17.00		ab 21.00		ab 19.00	

☋ 15.45   Pg 4.23

1	**2**	**3**	**4**	**5**	**6**	**7**	**8**	**9**	**10**	**11**	**12**	**13**	**14**	**15**	**16**
Sa	So	Mo	Di	Mi	Do	Fr	Sa	So	Mo	Di	Mi	Do	Fr	Sa	So

Pflanzzeit

bis 12.30			bis 10.30		–	–	–	bis 11.30		bis 15.30		bis 19.30		bis 16.30	ab 16.3
ab 15.30			ab 13.30					ab 14.30		ab 18.30		ab 22.30		–	

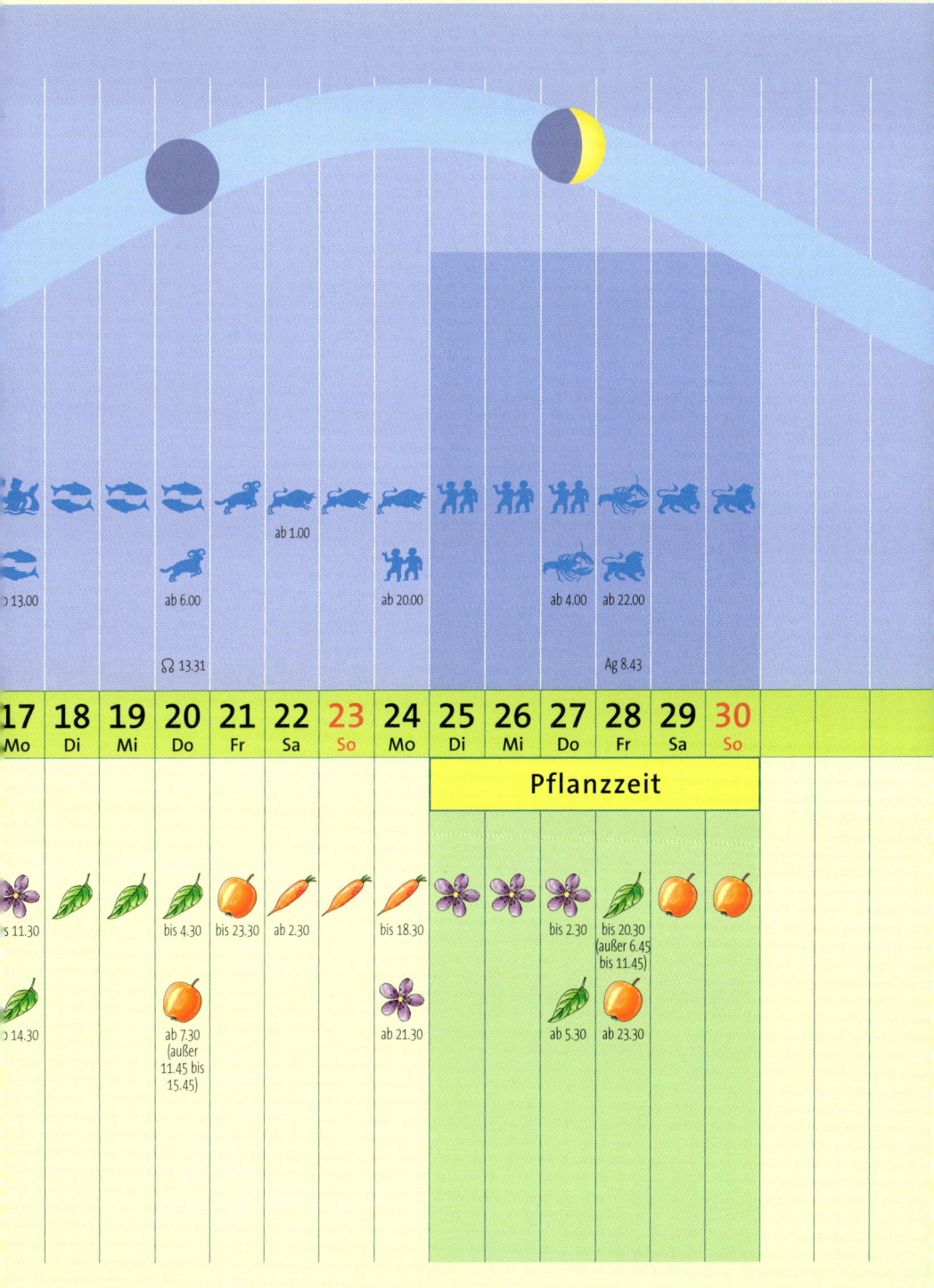

ab 1.00

ꝋ 13.00

ab 6.00

ab 20.00

ab 4.00 ab 22.00

♌ 13.31

Ag 8.43

17	18	19	20	21	22	23	24	25	26	27	28	29	30
Mo	Di	Mi	Do	Fr	Sa	So	Mo	Di	Mi	Do	Fr	Sa	So

Pflanzzeit

bis 11.30

bis 4.30

bis 23.30

ab 2.30

bis 18.30

bis 2.30

bis 20.30
(außer 6.45
bis 11.45)

bis 14.30

ab 7.30
(außer
11.45 bis
15.45)

ab 21.30

ab 5.30

ab 23.30

1	Mo	Maifeiertag / Staatsfeiertag (A)	
		SA: 6.00 SU: 20.45	mm
2	Di		mm
3	Mi		mm
4	Do		mm
5	Fr		mm
6	Sa		mm
7	So		mm
8	Mo	SA: 5.48 SU: 20.55	mm
9	Di	**Pflanzzeit bis 11.01 Uhr**	mm
10	Mi		mm
11	Do	Mamertus (Eisheiliger)	mm
12	Fr	Pankratius (Eisheiliger)	mm
13	Sa	Servatius (Eisheiliger)	mm
14	So	Muttertag Bonifatius (Eisheiliger)	mm
15	Mo	Kalte Sophie (Eisheilige) SA: 5.38 SU: 21.05	mm
16	Di		mm

							Mi	**17**
				mm				

						Christi Himmelfahrt / Auffahrt (CH)	Do	**18**
				mm				

							Fr	**19**
				mm				

							Sa	**20**
				mm				

							So	**21**
				mm				

						Pflanzzeit ab 16.08 Uhr	Mo	**22**
				mm	SA: 5.29 SU: 21.16			

							Di	**23**
				mm				

							Mi	**24**
				mm				

							Do	**25**
				mm				

							Fr	**26**
				mm				

							Sa	**27**
				mm				

						Pfingstsonntag	So	**28**
				mm				

						Pfingstmontag	Mo	**29**
				mm	SA: 5.22 SU: 21.23			

							Di	**30**
				mm				

							Mi	**31**
				mm				

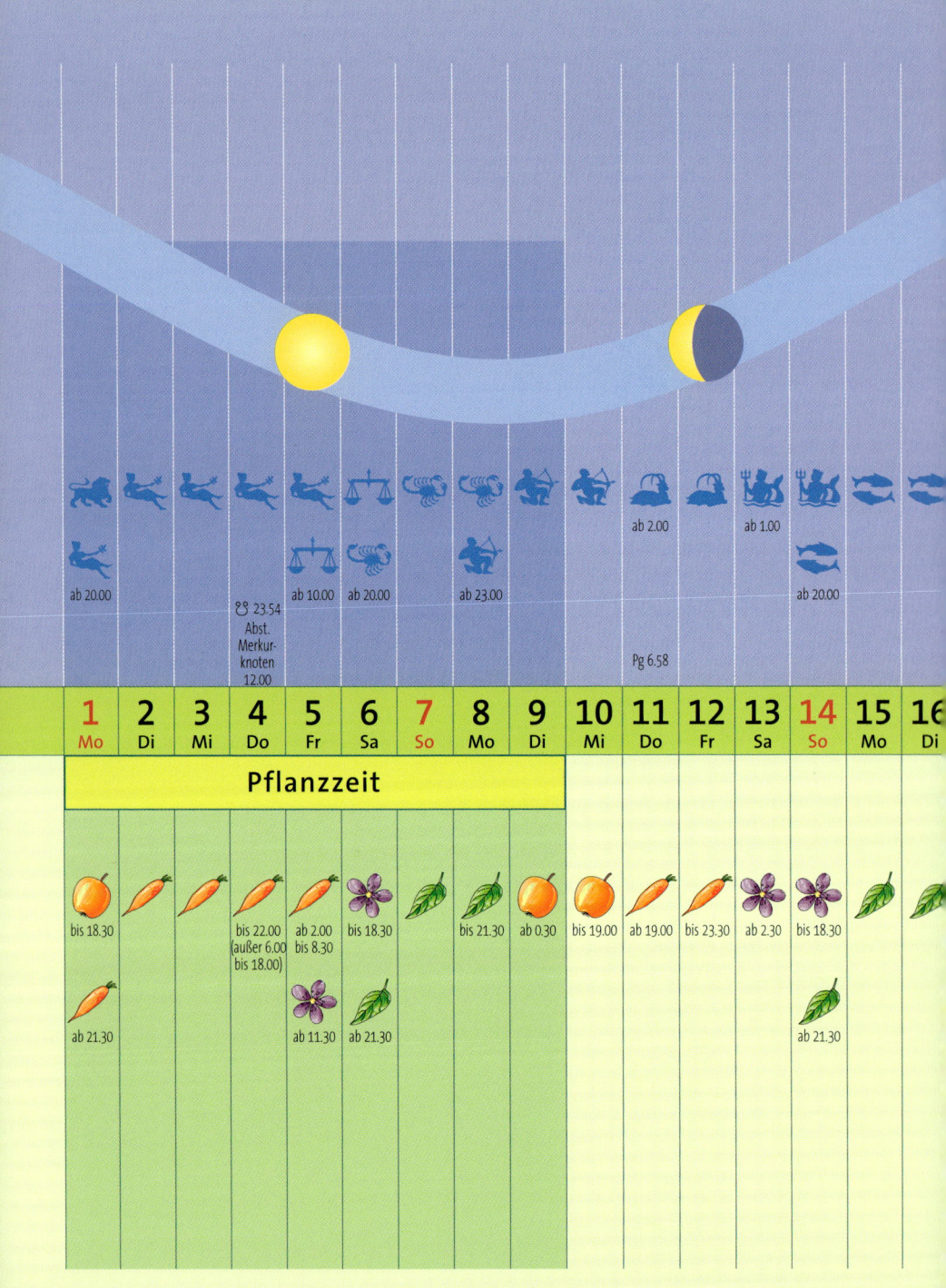

										ab 2.00		ab 1.00			
ab 20.00					ab 10.00	ab 20.00		ab 23.00					ab 20.00		
		☊ 23.54 Abst. Merkur- knoten 12.00							Pg 6.58						

1	**2**	**3**	**4**	**5**	**6**	**7**	**8**	**9**	**10**	**11**	**12**	**13**	**14**	**15**	**16**
Mo	Di	Mi	Do	Fr	Sa	So	Mo	Di	Mi	Do	Fr	Sa	So	Mo	Di

Pflanzzeit

| bis 18.30 | | | bis 22.00 (außer 6.00 bis 18.00) | ab 2.00 bis 8.30 | bis 18.30 | | bis 21.30 | ab 0.30 | bis 19.00 | ab 19.00 | bis 23.30 | ab 2.30 | bis 18.30 | | |
| ab 21.30 | | | | ab 11.30 | ab 21.30 | | | | | | | | ab 21.30 | | |

14.00   ab 9.00   ab 5.00   ab 12.00   ab 6.00   ab 4.00

21.40   Ag 3.39

.7	18	19	20	21	22	23	24	25	26	27	28	29	30	31
Mi	Do	Fr	Sa	So	Mo	Di	Mi	Do	Fr	Sa	So	Mo	Di	Mi

Pflanzzeit

12.30   bis 7.30   bis 3.30   bis 10.30   bis 1.45   bis 2.30

15.30   ab 10.30   ab 6.30   ab 13.30   ab 7.30   ab 5.30
außer
15 bis
.45)

1	Do				
		SA: 5.22 SU: 21.23			mm
2	Fr				mm
3	Sa				mm
4	So				mm
5	Mo	**Pflanzzeit bis 18.21 Uhr**			
		SA: 5.17 SU: 21.30			mm
6	Di				mm
7	Mi				mm
8	Do	Fronleichnam			mm
9	Fr				mm
10	Sa				mm
11	So				mm
12	Mo				
		SA: 5.15 SU: 21.35			mm
13	Di				mm
14	Mi				mm
15	Do				mm
16	Fr				mm

			Sa	**17**
mm			So	**18**
	Pflanzzeit ab 23.07 Uhr			
mm			Mo	**19**
SA: 5.17 SU: 21.32			Di	**20**
mm				
		Sommeranfang	Mi	**21**
mm			Do	**22**
mm			Fr	**23**
mm		Johannistag	Sa	**24**
mm			So	**25**
mm			Mo	**26**
SA: 5.21 SU: 21.29				
mm		Siebenschläfer	Di	**27**
mm			Mi	**28**
mm			Do	**29**
mm			Fr	**30**

| 1 | 2 | 3 | 4 | 5 | 6 | 7 | 8 | 9 | 10 | 11 | 12 | 13 | 14 | 15 | 1 |
| Do | Fr | Sa | So | Mo | Di | Mi | Do | Fr | Sa | So | Mo | Di | Mi | Do | Fr |

Pflanzzeit

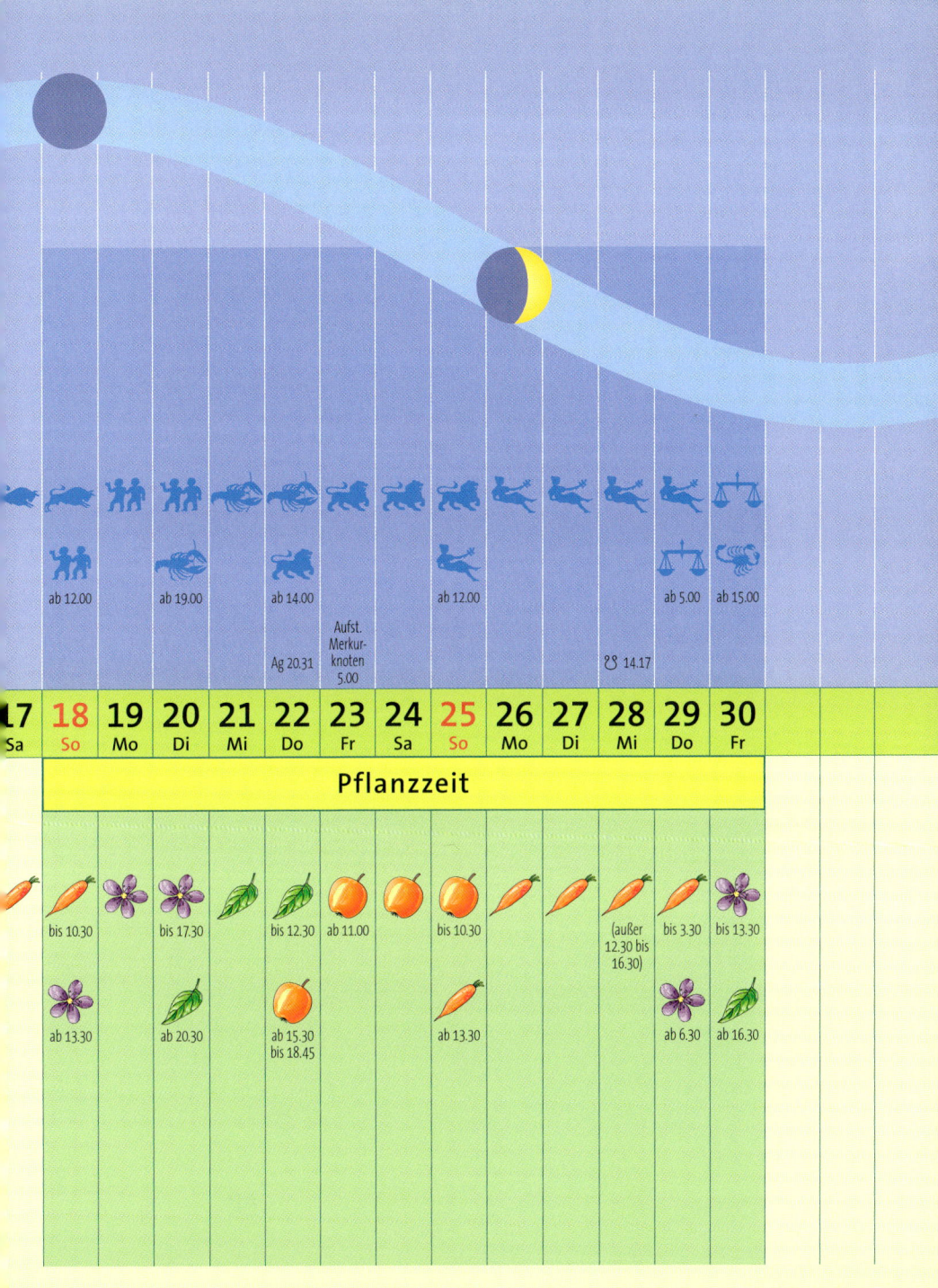

| | ab 12.00 | | ab 19.00 | | ab 14.00 | | | ab 12.00 | | | | ab 5.00 | ab 15.00 | | |

| | | | | | | Aufst.
Merkur-
knoten
5.00 | | | | | | | | |
| | | | | | Ag 20.31 | | | | ♋ 14.17 | | | | | |

| 17
Sa | 18
So | 19
Mo | 20
Di | 21
Mi | 22
Do | 23
Fr | 24
Sa | 25
So | 26
Mo | 27
Di | 28
Mi | 29
Do | 30
Fr | | |

Pflanzzeit

| | bis 10.30 | | bis 17.30 | | bis 12.30 | ab 11.00 | | bis 10.30 | | | (außer
12.30 bis
16.30) | bis 3.30 | bis 13.30 | | |
| | ab 13.30 | | ab 20.30 | | ab 15.30
bis 18.45 | | | ab 13.30 | | | | ab 6.30 | ab 16.30 | | |

1	Sa	SA: 5.21 SU: 21.29
2	So	
3	Mo	**Pflanzzeit bis 3.23 Uhr** SA: 5.27 SU: 21.25
4	Di	
5	Mi	
6	Do	
7	Fr	
8	Sa	
9	So	
10	Mo	SA: 5.35 SU: 21.21
11	Di	Nach der Erdbeerernte alte Blätter zurückschneiden.
12	Mi	
13	Do	
14	Fr	
15	Sa	
16	So	**Pflanzzeit ab 4.40 Uhr**

	☀	⛅	☁	mm	SA: 5.43 SU: 21.18	Mo **17**
	☀	⛅	☁	mm		Di **18**
	☀	⛅	☁	mm		Mi **19**
	☀	⛅	☁	mm		Do **20**
	☀	⛅	☁	mm		Fr **21**
	☀	⛅	☁	mm		Sa **22**
	☀	⛅	☁	mm	Beginn der Hundstage	So **23**
	☀	⛅	☁	mm	SA: 5.53 SU: 21.08	Mo **24**
	☀	⛅	☁	mm		Di **25**
	☀	⛅	☁	mm		Mi **26**
	☀	⛅	☁	mm		Do **27**
	☀	⛅	☁	mm		Fr **28**
	☀	⛅	☁	mm		Sa **29**
	☀	⛅	☁	mm	Pflanzzeit bis 13.13 Uhr	So **30**
	☀	⛅	☁	mm	SA: 6.03 SU: 20.57	Mo **31**

									ab 1.00						
ab 17.00	ab 17.00		ab 14.00		ab 7.00					ab 22.00				ab 19.00	
	Abst. Venus- knoten 5.00	Pg 0.28							☊ 3.27						

1	2	3	4	5	6	7	8	9	10	11	12	13	14	15	16
Sa	So	Mo	Di	Mi	Do	Fr	Sa	So	Mo	Di	Mi	Do	Fr	Sa	So

Pflanzzeit

	bis 15.30	bis 21.00	–	ab 12.30	bis 12.30		bis 5.30		bis 23.30	ab 5.30	bis 20.30			bis 17.30	
		ab 18.30			ab 15.30	ab 8.30					ab 23.30			ab 20.30	

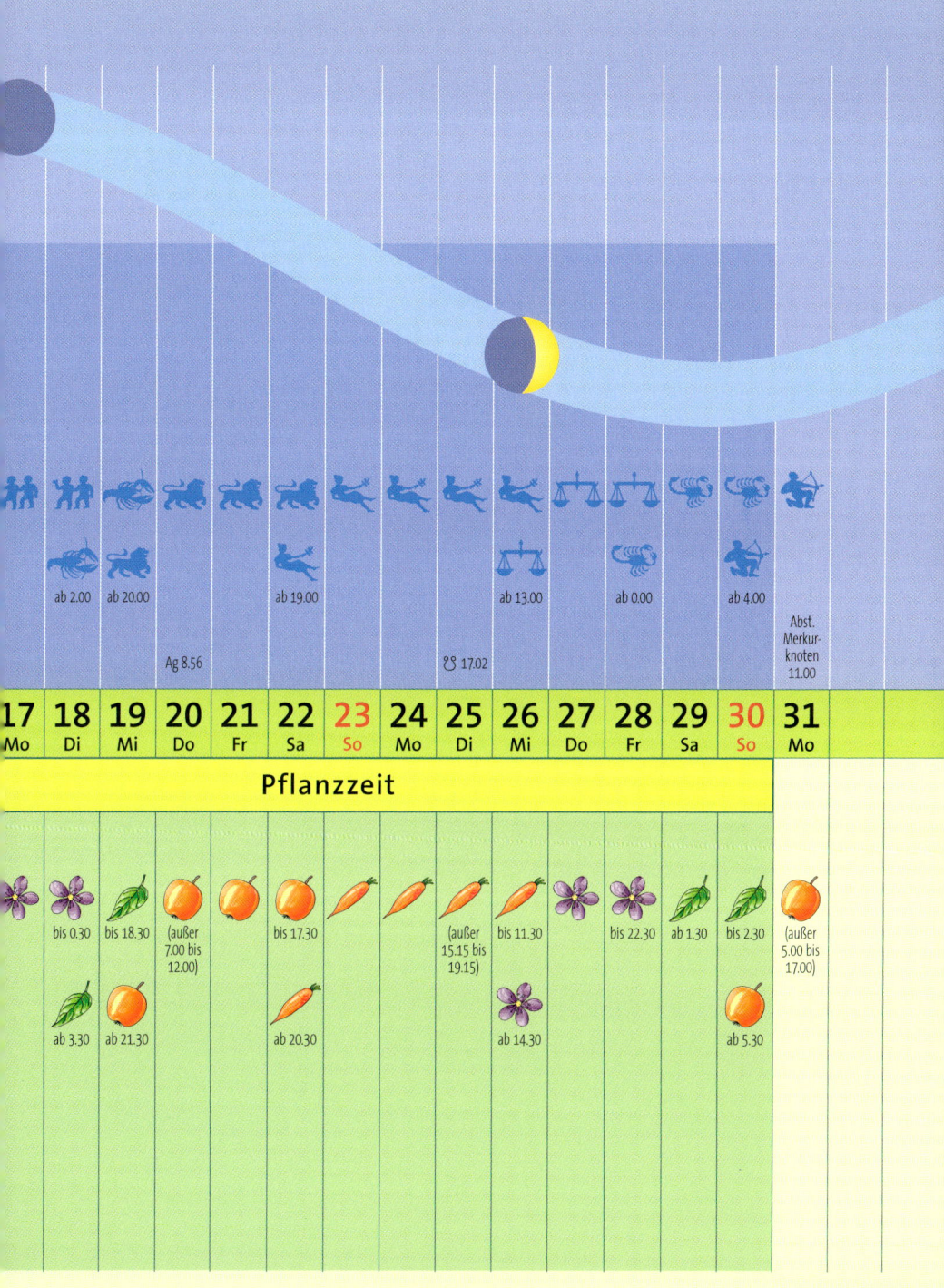

	ab 2.00	ab 20.00		ab 19.00					ab 13.00		ab 0.00		ab 4.00	

Ag 8.56

☊ 17.02

Abst.
Merkur-
knoten
11.00

17	18	19	20	21	22	23	24	25	26	27	28	29	30	31
Mo	Di	Mi	Do	Fr	Sa	So	Mo	Di	Mi	Do	Fr	Sa	So	Mo

Pflanzzeit

	bis 0.30	bis 18.30	(außer 7.00 bis 12.00)	bis 17.30			(außer 15.15 bis 19.15)	bis 11.30			bis 22.30	ab 1.30	bis 2.30	(außer 5.00 bis 17.00)
ab 3.30	ab 21.30		ab 20.30				ab 14.30						ab 5.30	

1	Di	Nationalfeiertag (CH)	
		SA: 6.03 SU: 20.57	
2	Mi		
3	Do		
4	Fr		
5	Sa		
6	So		
7	Mo		
		SA: 6.13 SU: 20.44	
8	Di	Friedensfest	
9	Mi		
10	Do		
11	Fr		
12	Sa	**Pflanzzeit ab 9.39 Uhr**	
13	So		
14	Mo	Ab Mittag Feldsalat und Spinat aussäen.	
		SA: 6.24 SU: 20.31	
15	Di	Mariä Himmelfahrt	
16	Mi		

mm

			mm		Do	**17**
			mm		Fr	**18**
			mm		Sa	**19**
			mm		So	**20**
			mm	SA: 6.34 SU: 20.16	Mo	**21**
			mm		Di	**22**
			mm	Ende der Hundstage	Mi	**23**
			mm		Do	**24**
			mm		Fr	**25**
			mm	**Pflanzzeit bis 22.22 Uhr**	Sa	**26**
			mm		So	**27**
			mm	SA: 6.45 SU: 20.01	Mo	**28**
			mm		Di	**29**
			mm		Mi	**30**
			mm		Do	**31**

1	2	3	4	5	6	7	8	9	10	11	12	13	14	15	16
Di	Mi	Do	Fr	Sa	So	Mo	Di	Mi	Do	Fr	Sa	So	Mo	Di	Mi

astronomy row:
ab 4.00 | | ab 0.00 / ab 16.00 | | | | ab 8.00 | | ab 3.00 | | | ab 0.00 | | ab 8.00 | | ab 2.00

Pg 7.52 · ☊ 4.55 · Ag 13.5

Pflanzzeit

| bis 2.30 | ab 20.00 bis 22.30 | ab 1.30 | bis 14.30 | | | bis 3.00 | | bis 1.30 | | | bis 22.30 | ab 1.30 | bis 6.30 | | bis 0.30 |
| ab 5.30 bis 20.00 | | | ab 17.30 | | | ab 9.30 | | ab 4.30 | | | | | ab 9.30 | | ab 3.30 (außer 12.00 b 17.00) |

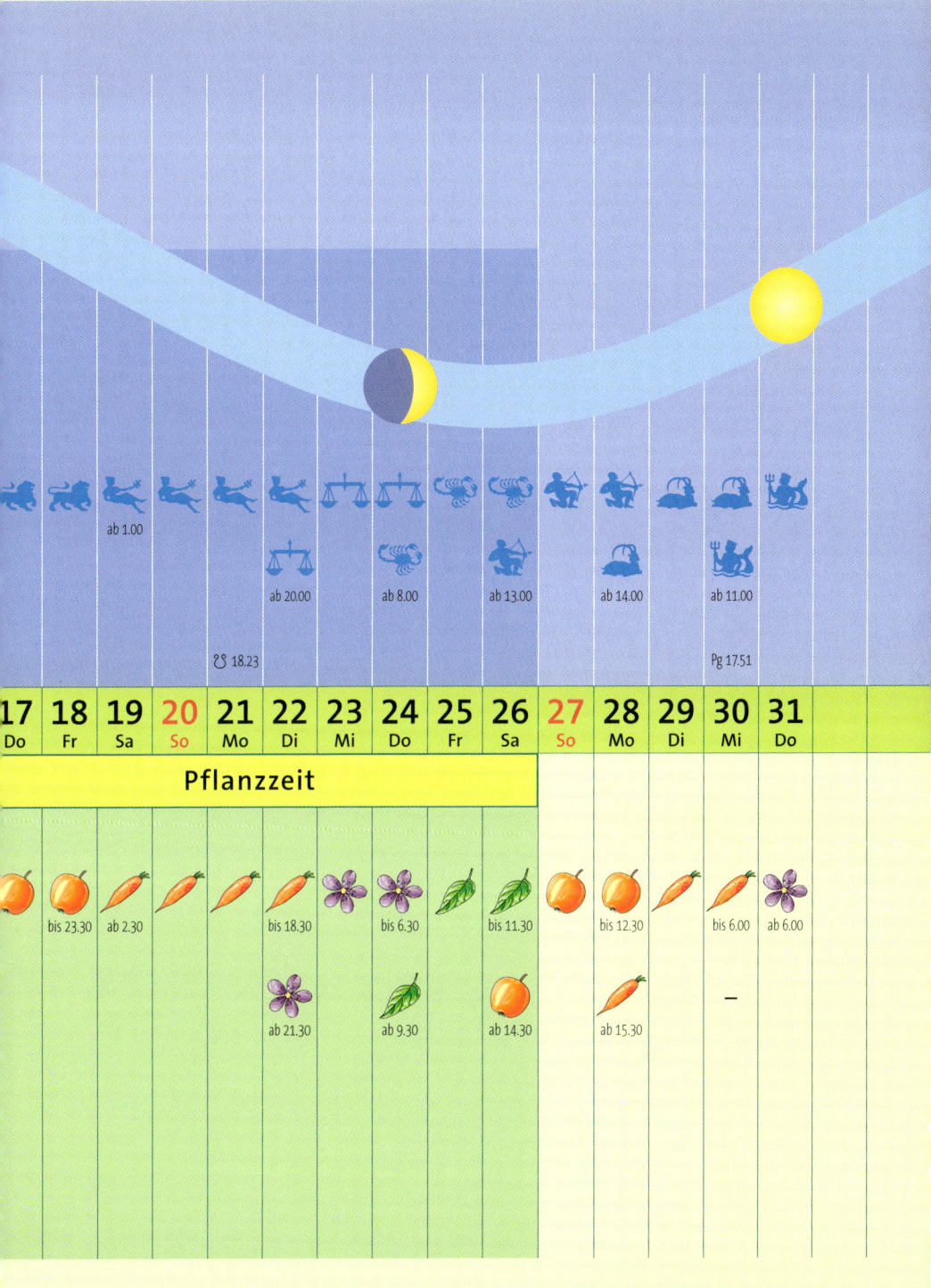

ab 1.00

ab 20.00   ab 8.00   ab 13.00   ab 14.00   ab 11.00

☊ 18.23   Pg 17.51

17	18	19	20	21	22	23	24	25	26	27	28	29	30	31	
Do	Fr	Sa	So	Mo	Di	Mi	Do	Fr	Sa	So	Mo	Di	Mi	Do	

Pflanzzeit

bis 23.30 ab 2.30   bis 18.30   bis 6.30   bis 11.30   bis 12.30   bis 6.00 ab 6.00

ab 21.30   ab 9.30   ab 14.30   ab 15.30   —

1	Fr		
		SA: 6.45 SU: 20.01	mm
2	Sa		
			mm
3	So		
			mm
4	Mo	Alte Ruten bei Himbeeren herausschneiden.	
		SA: 6.55 SU: 19.45	mm
5	Di		
			mm
6	Mi		
			mm
7	Do		
			mm
8	Fr	Mariä Geburt **Pflanzzeit ab 15.18 Uhr**	
			mm
9	Sa		
			mm
10	So		
			mm
11	Mo		
		SA: 7.06 SU: 19.31	mm
12	Di		
			mm
13	Mi		
			mm
14	Do		
			mm
15	Fr		
			mm
16	Sa		
			mm

			mm		So	**17**
			mm	SA: 7.16 SU: 19.15	Mo	**18**
			mm		Di	**19**
			mm		Mi	**20**
			mm		Do	**21**
			mm		Fr	**22**
			mm	Herbstanfang **Pflanzzeit bis 5.42 Uhr**	Sa	**23**
			mm		So	**24**
			mm	SA: 7.27 SU: 19.00	Mo	**25**
			mm		Di	**26**
			mm		Mi	**27**
			mm		Do	**28**
			mm		Fr	**29**
			mm		Sa	**30**

ab 2.00		ab 16.00	ab 11.00				ab 6.00		ab 14.00		ab 8.00				ab 7.00
	Ω 9.38										Ag 17.43				

1	2	3	4	5	6	7	8	9	10	11	12	13	14	15	16
Fr	Sa	So	Mo	Di	Mi	Do	Fr	Sa	So	Mo	Di	Mi	Do	Fr	Sa

Pflanzzeit

bis 0.30		bis 14.30 (außer 7.45 bis 11.45)		bis 9.30			bis 4.30	bis 12.30			bis 6.30			bis 5.30	
ab 3.30		ab 17.30		ab 12.30			ab 7.30		ab 15.30		ab 9.30 (außer 15.45 bis 20.45)			ab 8.30	

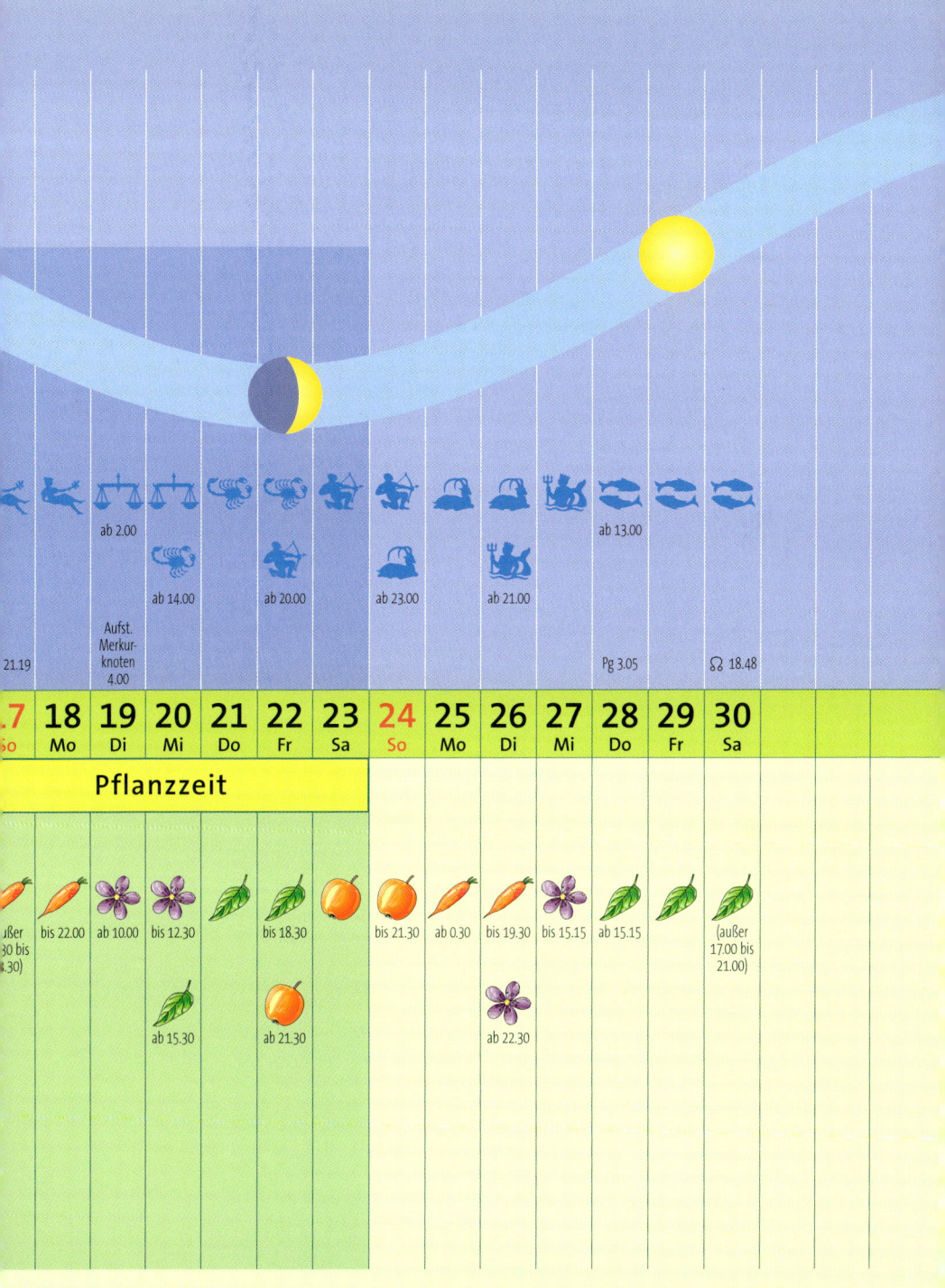

	ab 2.00								ab 13.00			
		ab 14.00			ab 20.00		ab 23.00	ab 21.00				
21.19		Aufst. Merkur- knoten 4.00							Pg 3.05	♋ 18.48		

.7	18	19	20	21	22	23	24	25	26	27	28	29	30
So	Mo	Di	Mi	Do	Fr	Sa	So	Mo	Di	Mi	Do	Fr	Sa

Pflanzzeit

| außer 30 bis 4.30) | bis 22.00 | ab 10.00 | bis 12.30 | | bis 18.30 | | bis 21.30 | ab 0.30 | bis 19.30 | bis 15.15 | ab 15.15 | | (außer 17.00 bis 21.00) |
| | | | ab 15.30 | | ab 21.30 | | | | ab 22.30 | | | | |

Tag		Ereignis	Sonnenzeiten
1	So	Erntedankfest	SA: 7.27 SU: 19.00
2	Mo		SA: 7.38 SU: 18.45
3	Di	Tag der Deutschen Einheit	
4	Mi		
5	Do	**Pflanzzeit ab 22.31 Uhr**	
6	Fr		
7	Sa		
8	So		
9	Mo		SA: 7.49 SU: 18.30
10	Di		
11	Mi		
12	Do		
13	Fr		
14	Sa	RINGFÖRMIGE SONNENFINSTERNIS in Europa nicht sichtbar. Sichtbarkeitsgebiet: Nord-, Mittel- und Südamerika. Eintritt in Kernschatten 16.04 Uhr, Mitte der Finsternis 18.59 Uhr, Austritt aus Kernschatten 21.55 Uhr (MEZ).	
15	So		
16	Mo		SA: 8.01 SU: 18.16

					Di	17
			mm		Mi	18
			mm		Do	19
			mm	Pflanzzeit bis 11.19 Uhr	Fr	20
			mm		Sa	21
			mm		So	22
			mm	SA: 7.12 SU: 17.04	Mo	23
			mm		Di	24
			mm		Mi	25
			mm	Nationalfeiertag (A)	Do	26
			mm		Fr	27
			mm	PARTIELLE MONDFINSTERNIS Sichtbarkeitsgebiet: östliches Nord- und Südamerika, Europa, Afrika, Asien, Australien. Eintritt in Kernschatten 20.35 Uhr, Mitte der Finsternis 21.14 Uhr, Austritt aus Kernschatten 21.53 Uhr (MEZ).	Sa	28
			mm	**Ende der Sommerzeit** Uhren um 3.00 Uhr auf 2.00 Uhr zurückstellen.	So	29
			mm	SA: 7.24 SU: 16.52	Mo	30
			mm	Reformationstag / Halloween	Di	31

| ab 3.00 | ab 20.00 | | | ab 14.00 | | | ab 21.00 | | ab 15.00 | | | | ab 14.00 | | | ab 8. |

Ag 5.41

♏ 3.11

1	2	3	4	5	6	7	8	9	10	11	12	13	14	15	16
So	Mo	Di	Mi	Do	Fr	Sa	So	Mo	Di	Mi	Do	Fr	Sa	So	Mo

Pflanzzeit

| bis 1.30 | bis 18.30 | | | bis 12.30 | | | bis 13.30 | | (außer 3.45 bis 8.45) | | bis 12.30 | | | (außer 1.15 bis 5.15) | bis 6. |
| ab 4.30 | ab 21.30 | | | ab 15.30 | | ab 22.30 | ab 16.30 | | | | ab 15.30 | | | | ab 9. |

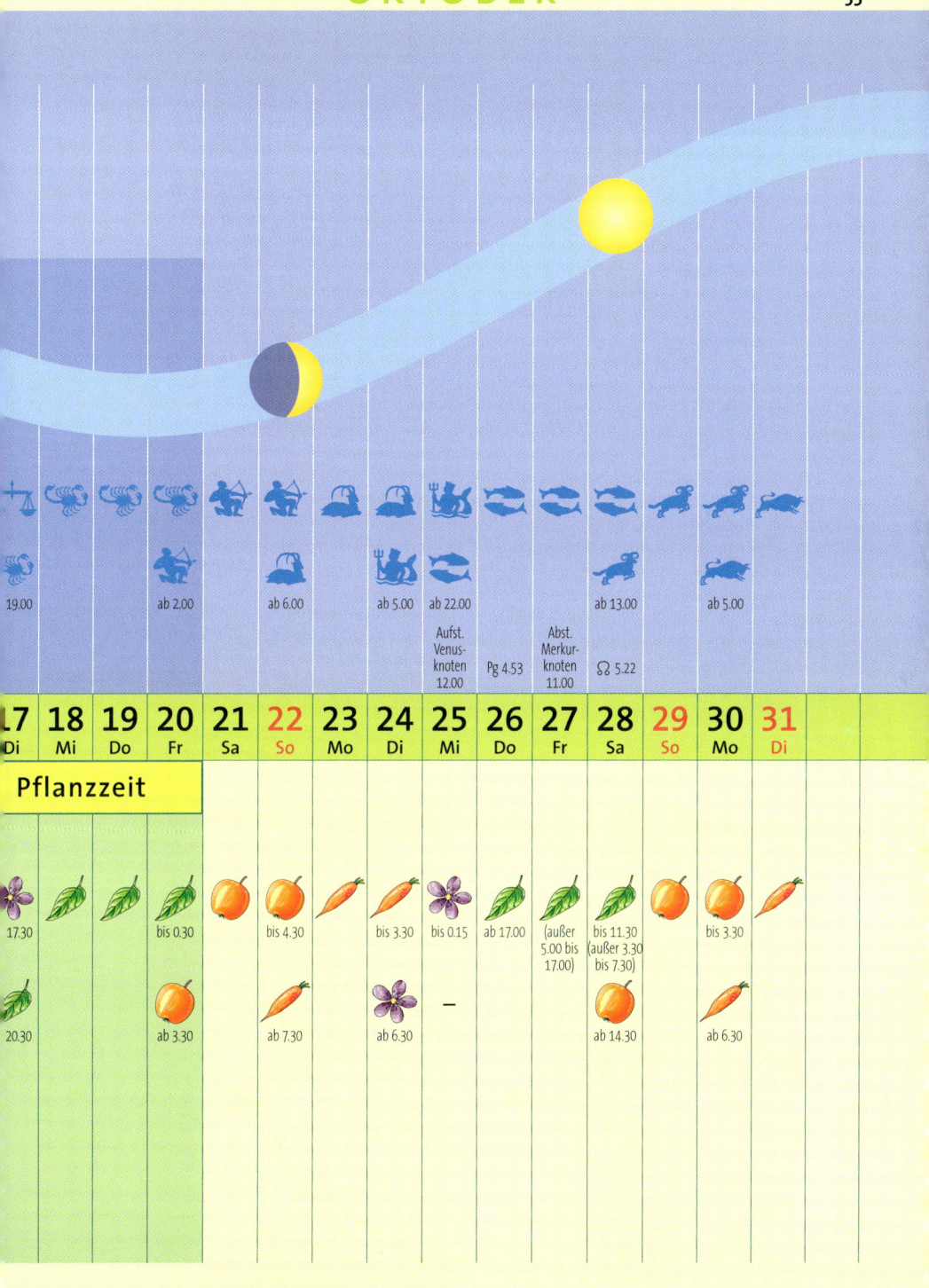

19.00		ab 2.00		ab 6.00		ab 5.00	ab 22.00				ab 13.00		ab 5.00	
							Aufst. Venus-knoten 12.00	Pg 4.53		Abst. Merkur-knoten 11.00	♌ 5.22			

17 Di	18 Mi	19 Do	20 Fr	21 Sa	22 So	23 Mo	24 Di	25 Mi	26 Do	27 Fr	28 Sa	29 So	30 Mo	31 Di

Pflanzzeit

17.30					bis 4.30		bis 3.30	bis 0.15	ab 17.00	(außer 5.00 bis 17.00)	bis 11.30 (außer 3.30 bis 7.30)		bis 3.30	
			bis 0.30											
20.30			ab 3.30		ab 7.30		ab 6.30	−			ab 14.30		ab 6.30	

1	Mi	Allerheiligen
		SA: 7.24 SU: 16.52

mm

2	Do	Allerseelen
		Pflanzzeit ab 6.12 Uhr

mm

3	Fr	

mm

4	Sa	

mm

5	So	

mm

6	Mo	
		SA: 7.36 SU: 16.42

mm

7	Di	

mm

8	Mi	

mm

9	Do	

mm

10	Fr	

mm

11	Sa	Martinstag

mm

12	So	

mm

13	Mo	
		SA: 7.47 SU: 16.34

mm

14	Di	

mm

15	Mi	

mm

16	Do	**Pflanzzeit bis 15.45 Uhr**

mm

							Fr	**17**
				mm			Sa	**18**
						Volkstrauertag	So	**19**
				mm	SA: 7.57 SU: 16.28		Mo	**20**
				mm			Di	**21**
						Buß- und Bettag	Mi	**22**
							Do	**23**
							Fr	**24**
							Sa	**25**
						Totensonntag	So	**26**
				mm	SA: 8.07 SU: 16.24		Mo	**27**
							Di	**28**
				mm		Pflanzzeit ab 15.08 Uhr	Mi	**29**
				mm			Do	**30**

1 Mi	2 Do	3 Fr	4 Sa	5 So	6 Mo	7 Di	8 Mi	9 Do	10 Fr	11 Sa	12 So	13 Mo	14 Di	15 Mi	16 Do

Zodiac row:
- 1: Stier / Zwillinge ab 22.00
- 2: Zwillinge
- 3: Zwillinge
- 4: Zwillinge / Krebs ab 4.00
- 5: Krebs / Löwe ab 22.00 — Ag 22.49 Abst. Mars-knoten 16.00
- 6: Löwe
- 7: Löwe
- 8: Löwe / Jungfrau ab 21.00
- 9: Jungfrau
- 10: Jungfrau
- 11: Jungfrau ☊ 9.49
- 12: Jungfrau / Waage ab 14.00
- 13: Waage / Skorpion ab 1.00
- 14: Skorpion
- 15: Skorpion
- 16: Skorpion / Schütze ab 6.00

Pflanzzeit

1	2	3	4	5	6	7	8	9	10	11	12	13	14	15	16
bis 20.30			bis 2.30	bis 20.30	bis 4.00	ab 4.00	bis 19.30			(außer 8.00 bis 12.00)	bis 12.30	bis 23.30	ab 2.30		bis 4.3…
ab 23.30			ab 5.30	ab 23.30			ab 22.30					ab 15.30			ab 7.3…

ab 4.00

ab 10.00   ab 10.00   ab 21.00   ab 15.00   ab 7.00

Pg 22.03   ℧ 11.57

17	18	19	20	21	22	23	24	25	26	27	28	29	30		
Fr	Sa	So	Mo	Di	Mi	Do	Fr	Sa	So	Mo	Di	Mi	Do		

bis 8.30   bis 8.30   bis 10.15 ab 10.15   bis 19.30   bis 13.30   bis 5.30
                                                         (außer 10.00
                                                         bis 14.00)

ab 11.30   ab 11.30   ab 22.30   ab 16.30   ab 8.30

1	Fr		SA: 8.07　SU: 16.24
2	Sa		
3	So	1. Advent	
4	Mo	Barbaratag	SA: 8.14　SU: 16.22
5	Di		
6	Mi	Nikolaus	
7	Do		
8	Fr	Mariä Empfängnis	
9	Sa		
10	So	2. Advent	
11	Mo		SA: 8.17　SU: 16.20
12	Di		
13	Mi	**Pflanzzeit bis 22.51 Uhr**	
14	Do		
15	Fr		
16	Sa		

3. Advent	**So**	**17**
	Mo	**18**
SA: 8.23 SU: 16.27		
	Di	**19**
	Mi	**20**
	Do	**21**
Winteranfang	**Fr**	**22**
	Sa	**23**
Heiligabend	**So**	**24**
1. Weihnachtsfeiertag	**Mo**	**25**
SA: 8.24 SU: 16.35		
2. Weihnachtsfeiertag	**Di**	**26**
Pflanzzeit ab 22.50 Uhr		
	Mi	**27**
	Do	**28**
	Fr	**29**
	Sa	**30**
Silvester	**So**	**31**

ab 13.00	ab 6.00			ab 5.00			ab 23.00		ab 10.00		ab 14.00		ab 17.00		Pg 19.5 Aufst. Merku knoter 2.00
		Ag 19.43			☋ 16.26										
1 Fr	**2** Sa	**3** So	**4** Mo	**5** Di	**6** Mi	**7** Do	**8** Fr	**9** Sa	**10** So	**11** Mo	**12** Di	**13** Mi	**14** Do	**15** Fr	**16** Sa

Pflanzzeit

bis 11.30		bis 4.30	(außer 17.45 bis 22.45)		bis 3.30		(außer 14.30 bis 18.30)	bis 21.30	ab 0.30	bis 8.30		bis 12.30		bis 15.30	–
ab 14.30	ab 7.30				ab 6.30					ab 11.30		ab 15.30		ab 18.30 bis 20.00	

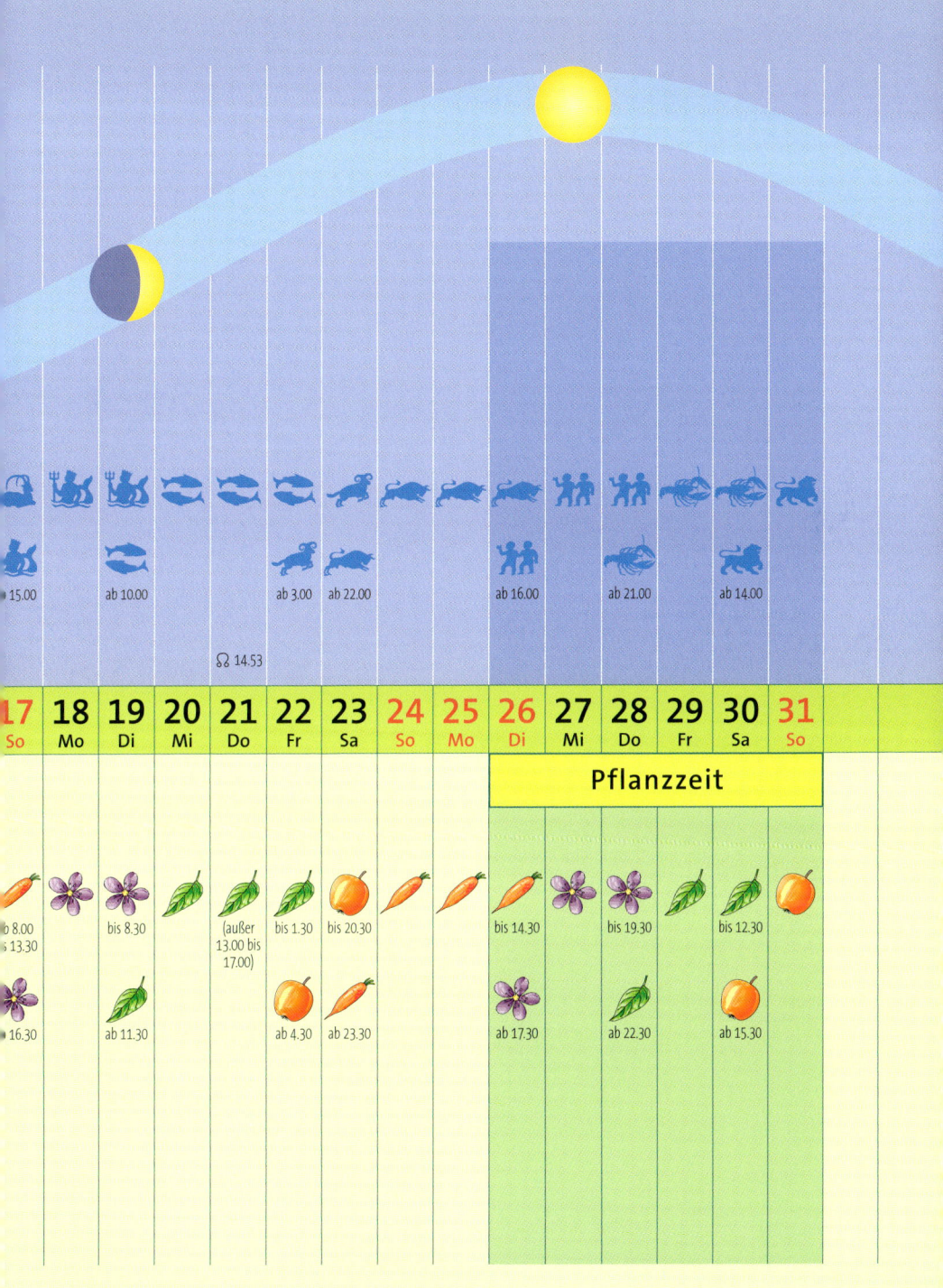

15.00   ab 10.00   ab 3.00   ab 22.00   ab 16.00   ab 21.00   ab 14.00

♋ 14.53

17	18	19	20	21	22	23	24	25	26	27	28	29	30	31
So	Mo	Di	Mi	Do	Fr	Sa	So	Mo	Di	Mi	Do	Fr	Sa	So

Pflanzzeit

b 8.00 / 13.30   bis 8.30   (außer 13.00 bis 17.00)   bis 1.30   bis 20.30   bis 14.30   bis 19.30   bis 12.30

16.30   ab 11.30   ab 4.30   ab 23.30   ab 17.30   ab 22.30   ab 15.30

Bildnachweis

Mit 13 Farbfotos von:
Adobe Stock/Cora Müller S. 4;
Peter Berg/Jürgen Weisheitinger: S. 6, 8 beide,
9, 10 beide, 11 beide, 12;
Flora Press: /Meyer-Rebentisch S. 2/3, /
Sibylle Pietrek S. 5, /goldherzkolibri S. 7 li

Mit Illustrationen von:
Jochen Gündel: Umschlaginnenseite sowie
Symbole Apfel, Blüte, Blatt, Wurzel auf Um-
schlaginnenseite und Kalendarium.

Impressum

Umschlaggestaltung von Walter & Grafik
GmbH, Würzburg unter Verwendung von zwei
Farbfotos von Flora Press/goldherzkolibri
(Umschlagvorderseite) und GAP Photos/Robert
Mabic (Umschlagrückseite).

Unser gesamtes Programm finden Sie unter
kosmos.de.
Über Neuigkeiten informieren Sie regelmäßig
unsere Newsletter, einfach anmelden unter
kosmos.de/newsletter

Gedruckt auf chlorfrei gebleichtem Papier

MIX
Papier aus verantwor-
tungsvollen Quellen
FSC
www.fsc.org   **FSC® C084279**

Die Aussaattage wurden auf Grundlage der
Astronomischen Konstellationen an der mathe-
matisch-astronomischen Sektion des Goethe-
anums in Dornach, Schweiz, berechnet und von
der Kosmos Garten-Redaktion bearbeitet.

©2022, Franckh-Kosmos Verlags-GmbH & Co. KG,
Pfizerstraße 5–7, 70184 Stuttgart
Alle Rechte vorbehalten
ISBN 978-3-440-17540-8
Texte: Peter Berg, Kosmos Garten-Redaktion
Projektleitung: Birgit Grimm
Redaktion und Bildredaktion: Birgit Grimm
Gestaltungskonzept: Atelier Reichert, Stuttgart
Gestaltung und Satz: typopoint GbR, Ostfildern
Produktion: Klaus Jost
Druck und Bindung: Print Consult GmbH,
München
Printed in Slovenia / Imprimé en Slovénie

Alle Angaben in diesem Buch sind sorgfältig
geprüft und geben den neuesten Wissens-
stand bei der Veröffentlichung wieder.
Da sich das Wissen aber laufend in rascher
Folge weiterentwickelt und vergrößert,
muss jeder Anwender prüfen, ob die Anga-
ben nicht durch neuere Erkenntnisse über-
holt sind.

Mischkultur
—— Die idealen Beetnachbarn

96 Seiten, ca. € (D) 15,00

Mit Muster-beeten

Mischkultur ist die ideale Anbau-methode für alle, die sich einen gesunden und gleichzeitig pflege-leichten Garten wünschen. Die Gartenexpertin Ortrud Grieb erklärt, welche Pflanzen sich beim Gemüseanbau positiv beeinflussen oder ihre Beetpartner vor Schädlin-gen und Krankheiten schützen. Für eine schnelle Umsetzung hat sie rund 30 Musterbeete zusammengestellt – mit beliebten Gemüsen, für jede Größe, zum einfachen Nachpflanzen. So schafft man eine gute Basis für gesundes Wachstum und ökologischen Pflanzenschutz im Gemüsebeet.

kosmos.de

Wichtige Gartenpflanzen und ihre Gruppenzugehörigkeit

Fruchtpflanzen
Äpfel
Aprikosen
Auberginen
Birnen
Brombeeren
Busch-Bohnen
Erbsen
Erdbeeren
Feigen
Feuer-Bohnen
Gurken
Haselnüsse
Heidelbeeren
Himbeeren
Japanische Weinbeeren
Johannisbeeren
Jostabeeren
Kirschen, Sauer-, Süß-
Kiwi
Kürbisse
Loganbeeren
Mais
Mirabellen
Nektarinen
Paprika
Pfirsiche
Pflaumen/Zwetschen
Preiselbeeren
Quitten
Renekloden
Soja
Stachelbeeren
Stangen-Bohnen
Tomaten
Walnüsse
Weinreben
Wildobst
Zucchini
Zucker-Mais
Zucker-Melonen

Blütenpflanzen
Artischocken
Balkonpflanzen, blühende
Blumenzwiebeln
Brokkoli
Kamille, Echte
Kübelpflanzen, blühende
Lavendel, Blütenernte
Rosen
Sommerblumen
Stauden, blühende

Blattpflanzen
Balkonpflanzen, Blatt-
Basilikum
Blumenkohl
Bohnenkraut
Borretsch
Chinakohl
Chicorée/Treiberei
Eissalat
Endivien
Feldsalat
Garten-Melde
Grünkohl
Kerbel
Knollen-Fenchel
Kohlrabi
Kopfsalat
Kresse
Kübelpflanzen, Blatt-
Lauch/Porree
Mangold
Neuseeländer Spinat
Pak Choi
Petersilie
Pflücksalat
Radicchio
Rasen
Rhabarber
Römischer Salat
Rosenkohl
Rotkohl
Rucola
Schnittlauch
Schnittsalat
Spinat
Stangen-Sellerie
Stauden, Blatt-
Weißkohl
Wirsing
Zitronen-Melisse
Zuckerhut

Wurzelpflanzen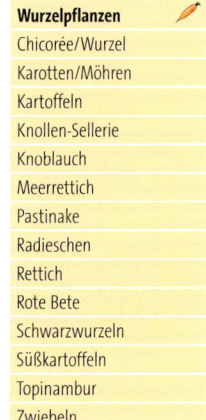
Chicorée/Wurzel
Karotten/Möhren
Kartoffeln
Knollen-Sellerie
Knoblauch
Meerrettich
Pastinake
Radieschen
Rettich
Rote Bete
Schwarzwurzeln
Süßkartoffeln
Topinambur
Zwiebeln

Hier haben wir für Sie bereits die wichtigsten Gartenpflanzen entsprechend ihrer Gruppenzugehörigkeit im Überblick zusammengestellt. Da die Gruppenzugehörigkeit dabei in der Regel immer von dem Pflanzenorgan bestimmt wird, das geerntet wird bzw. im Hauptinteresse der Nutzung steht, können Sie nach diesem Prinzip die entsprechende Gruppenzugehörigkeit bei Bedarf leicht selbst bestimmen.